Die weisse

Pyramide II

Wissenschaft und Forschung

AUTOREN / COVER / BILDER

DIRK L. FEILER
TANJA M. FEILER

Я помню чудное
мгновение ...

DIE AUTORIN:

PSYCHOLOGISCHE
SEXUALBERATUNG AUS
AUTOBIOGRAPHISCHER
PERSPEKTIVE FÜR
EHEPAARE

DER FILM WER BERÜHMT
WERDEN WILL MUSS ERST
STILL EINEN
PORNOGRAPHISCHEN FILM
DREHEN UND WENN DAS
DANN GESCHEHEN WERDEN
DIE SCHAUSPIELER STARS
UND ZÄHLEN ZUR
PROMINENZ DIE SCHEINBAR
ERKENNT JEDENFALLS
EINIGE VON IHNEN
ZUM EINSTIEG KANN SOLCH

EIN FILM DIENEN UND WIE
JEDER HOLLYWOODSTAR
IST JA KLAR HABEN DIE
EHELEUTE FELLER EINEN
FILM GEMACHT 5 STERNE
HAT ER GEBRACHT UND
DARK UND MEL VERDIENEN
GELD - AUS DEM
BLICKWINKEL
LEHRFILME ZUR
BEREICHERUNG UND
STEIGERUNG DES SEX.
WISSENS ZUSAMMEN ZU
SCHAUEN KANN NATÜRLICH
SEHR ERBAUEN MEL HAT
EINE TECHNIK IN EINEM
PORN. FILM GESEHEN UND
SCHON WARS UM SIE
GESCHEHEN DIE SIEHT MAN
AUCH IM MOVIE DER
FELLERS PUBLIZIERTEN
FILM DREI MONATE
TRAINIERTE SIE DEEPT. MIT

7

BANANEN UND KANN MIT RECHT SAGEN SIE KANNS BESSER ALS DIE PORNODARSTELLER SAGTE STOLZ MEL FELLER DARK GEHTS DABEI GUT UND SIE HATTEN DEN MUT SCHAUSPIELER ZU SEIN. PORN. FILME ERFÜLLEN INZWISCHEN ÜBERHAUPT KEINEN ZWECK ALSO WEG VON SOLCH SCHÄDLICHEM FILMMATERIAL - LINDSAY SOLL TANZEN, DAS IST GENIAL! DOCH DER EIGENE DARF NATÜRLICH IM WORLD WIDE WEB BLEIBEN! BERÜHMT SIND MEL UND DARK SOWIESO UND 3000 FREUNDINNEN SIND FROH!

Islam - 4 oder Christ nur Eine?

Das ist die Frage aus psychologischer Sicht Was bringt dann Licht Was ist am besten für Eheleute Verum investigare knallhart, nicht feig heimlich wie die Leute Sondern offen und direkt mit Respekt Cuties zum Spielen Zum Verlieben? Über 3000 virtuelle begleiten uns

Dieeenergie des weiblichen Kollektivs funzt Und dann kommen Echte dran Um die Seele leicht zu quälen Kann man Livecamübertragung mit Girls Wählen Lust

FRUST?   LEID?   NEID?
VORWÄRTSGEHEN, STREBEN,
DER WEG IST VERMESSEN!

Gedicht des gegensatzes

Vorstellung Will sie es
wirklich, dass fremde
Hände ihn berühren?
Die Leidenschaft wird
glühen Die sie mit ihm
erlebt? Aus einer
Schuld aber auch Lust
war, ist? Die
Bereitschaft da Das ist
wahr doch wenn sie in
sich geht
Ihre Seele versteht
Dann weiss sie was
richtig ist!
Sie fühlt Hass und
Schmerzen In ihrem
Herzen Die Vorstellung
davon
Ein Kuss schenkte er
vor Jahren einer Frau
Dass war nicht

ANNÄHERND SO RAU
WAS SIE GETAN HAT ES
WIRD DANN SEHR KALT
ERFRIERENDE GEFÜHLE In
IHRER VORSTELLUNG
BERÜHRT EINE FREMDE
IHREN MANN Und sie kann
NICHT ANDERS Entweder
WIRD SIE EINE ROLLE
SPIELEN
Wie sie es schon gesehen
hat in Filmen WIRD
ERNEUT DIE HÄLTE
ERLEBEN Aber lässt es
GESCHEHEN - Dann sieht
sie wie sie dem DUMMEN
STÜCK SCHEISSE ins
GESICHT SCHLAGEN WIRD
NICHT ERTRAGEND DAS ZU
SEHEN WAS WIRD
GESCHEHEN!
In IHREM GEISTE LODERT
DER HASS Sie wird die

Fremde hassen oh ja
Und es nicht zulassen
Das sie es wagt ihn
anzufassen!!! Dieses
dumme Stück Scheisse
Das wird nicht geschehen
in dieser Weise Sie
hört in ihrer Fantasie
nicht auf Auf die
Fremde einzuschlagen
Um sich nicht mehr mit ihr
zu plagen Und die
Fantasie tut so gut Oh
ja und sie hat Mut Das
zu tun was zu tun ist!
Und endlich wird sie sich
erlöst fühlen Denn sie
muss für nichts mehr
büssen
(Feldforschung: Erster
Band the 4 cuties -
Freundinnen)

....TO BE CONTINUED

www.ingramcontent.com/pod-product-compliance
Lightning Source LLC
Chambersburg PA
CBHW041620180526
45159CB00002BC/942